身边的科学真好玩

玻璃，
一闪一闪亮晶晶

You Wouldn't Want to Live Without
Glass!

第4辑

[英]伊恩·格雷厄姆　文
[英]马克·柏金　图

周梦婕　潘晨曦　译

时代出版传媒股份有限公司
安徽科学技术出版社

[皖] 版贸登记号：12161627

图书在版编目（CIP）数据

玻璃，一闪一闪亮晶晶 / （英）伊恩·格雷厄姆文；
（英）马克·柏金图；周梦婕，潘晨曦译. --合肥：安徽科学
技术出版社，2017.4（2017.7 重印）
（身边的科学真好玩）
ISBN 978-7-5337-7086-0

Ⅰ.①玻… Ⅱ.①伊…②马…③周…④潘…
Ⅲ.①玻璃-儿童读物 Ⅳ.①TQ171.7-49

中国版本图书馆 CIP 数据核字（2016）第 293478 号

You Wouldn't Want to Live Without Glass! ⓒ The Salariya Book Company
Limited 2016
The simplified Chinese translation rights arranged through Rightol Media
（本书中文简体版权经由锐拓传媒取得 Email：copyright@rightol.com）

玻璃，一闪一闪亮晶晶　　[英]伊恩·格雷厄姆　文　[英]马克·柏金　图　周梦婕　潘晨曦　译

出 版 人：丁凌云　　　　选题策划：张　雯　　　　责任编辑：徐　晴
责任校对：盛　东　　　　责任印制：梁东兵　　　　封面设计：武　迪
出版发行：时代出版传媒股份有限公司　http://www.press-mart.com
　　　　　安徽科学技术出版社　　　　http://www.ahstp.net
　　　（合肥市政务文化新区翡翠路 1118 号出版传媒广场，邮编：230071）
　　　电话：（0551）63533323
印　　制：合肥华云印务有限责任公司　　　电话：（0551）63418899
（如发现印装质量问题，影响阅读，请与印刷厂商联系调换）

开本：787×1092　1/16　　　印张：2.5　　　　字数：40 千
版次：2017 年 4 月第 1 版　　　2017 年 7 月第 2 次印刷

ISBN 978-7-5337-7086-0　　　　　　　　　　定价：15.00 元

玻璃大事年表

公元前75000年

人们用天然玻璃制作箭头、匕首和其他锋利的刀片。

公元前1500年

埃及人制作出小玻璃杯、玻璃花瓶和玻璃首饰。

公元7世纪

教堂和修道院的窗户上出现了彩色玻璃。

公元前3500年

埃及和美索不达米亚（如今的伊朗）的人们发明了制作玻璃的方法。

公元1世纪

玻璃吹制术盛行。玻璃碗、花瓶和其他中空的玻璃物品的制造工艺变得更简单，成本更低，生产周期更短。玻璃伴随了罗马帝国的整个发展历程。

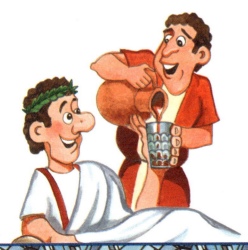

19世纪70年代

世界上第一台制作玻璃瓶的机器诞生，它可以快速批量地制造玻璃瓶。

1608年

玻璃制造业始于殖民地时期的美国。在欧洲，玻璃窗越来越普遍，甚至走进了贫穷人家。

1959年

阿尔斯泰尔·皮尔金顿将浮法玻璃工艺引入英国，从此玻璃厂商便能以更低廉的成本制造光滑的平板玻璃了。

1674年

英国的乔治·雷文斯克罗夫特在玻璃中加入了铅，极大地改善了玻璃的外观。这种铅玻璃也更容易被熔化和加工。

2000年

在英国，人们发明了自清洁玻璃。在玻璃上镀一层薄薄的化学物质，这样雨水就能很容易地将玻璃上的灰尘冲走啦。

19世纪90年代

德国化学家奥托·肖特发明了硼硅玻璃，这种玻璃能够承受温度的突变，因而被用于制作炖锅和烤盘。

玻璃是什么?

　　玻璃是一种固体材料,它由一种叫"原子"的极小微粒组成。绝大多数固体材料中的原子是按照一定的方式有规律地重复排列的。如果你能观察到一粒沙子中的原子,你就会发现它们正是以这样的结构排列的。虽然玻璃是由沙子制成的,但是玻璃和沙子中原子的连接形式却不同。

　　将沙子高温加热至熔化,然后冷却,就可以得到玻璃。沙子熔化后,内部一些原子链就断开了,原子可以四处移动。当液态的沙子冷却变硬,原子之间会重新连接起来。这种新的连接方式非常随机和混乱,和沙子规律有序的晶体结构大不相同。

作者简介

作者：

伊恩·格雷厄姆，曾在伦敦城市大学攻读应用物理学。后来又获得新闻学硕士学位，专门研究科学和技术。自从他成为自由作家和记者以来，已经创作了100多本非文学类少儿读物。

插图画家：

马克·柏金，1961年出生于英国的黑斯廷斯市，曾就读于伊斯特本艺术学院。他自1983年以后专门从事历史重构以及航空航海方面的研究。他与妻子和三个孩子住在英国的贝克斯希尔。

目 录

导　读

　　从早晨洗脸时照的镜子到夜幕降临后照亮房间的灯泡，玻璃每天都陪伴在我们的身边。各种各样的食物和饮品存放在用玻璃做的瓶瓶罐罐里；你使用的许多电子产品都有玻璃屏幕；照相机和望远镜的镜头是玻璃做的；那些传递着电话、短信以及网页信息的信号会乘着玻璃做的光缆进行一段旅行。每家每户、每所学校和每个办公场所都有玻璃窗户。很难想象，我们的世界若是没了玻璃会变成什么模样——大楼没有窗户，照相机和显微镜没有镜头，电视机和电脑也不会出现。你绝对不愿生活在这样的世界里！

　　在我们的日常生活中，玻璃及其制品**无处不在**。想象一下，如果这些东西从我们的生活中消失，那会是什么样呢？

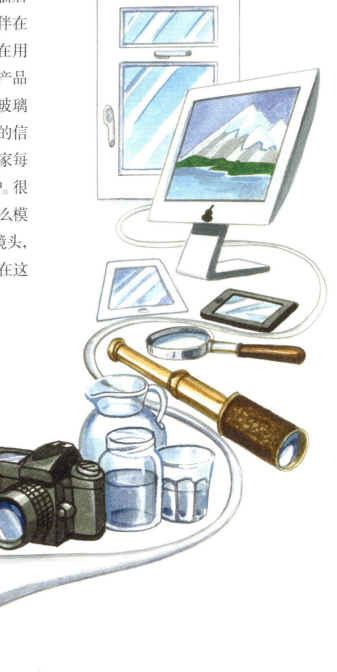

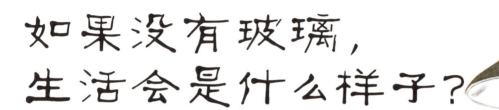

如果没有玻璃，生活会是什么样子？

如果人类从未发明制作玻璃的方法，那么我们使用的许多东西都不会是现在的样子，有些甚至可能根本不会出现。如果没有玻璃镜子，人类可能会用高度抛光的金属来替代，直到它被刮花或出现凹痕。现在，我们能用透明塑料来代替玻璃，但是如果玻璃窗户、屏幕和瓶子从未出现过，谁又能想出发明透明塑料的点子呢？

环顾四周，看一看有多少物品含有玻璃部件。你是不是戴着手表，或正准备拿起玻璃杯喝水？电视屏幕上是不是正在播放你最喜爱的节目？瞧，玻璃就是这么无处不在！

你也能行！

如果没有玻璃,还可以用什么材料制作镜子呢? 试试看厨房用的锡纸、高度抛光的金属和你能想到的其他任何材料。它们的效果如何?

漆黑的都市。夜幕之中, 全世界的城市都成了灯光的海洋。亮光透过玻璃窗和玻璃路灯闪耀在夜色中。商店门前的霓虹灯广告牌也在闪烁。如果没有玻璃窗户、玻璃灯具和闪烁的玻璃广告牌, 我们的城市会变得漆黑一片。

交通混乱? 繁忙的路口通常是靠信号灯来控制交通。它们保证交通畅通,防止路口拥堵。如果没有玻璃, 人类可能根本不会发明交通信号灯, 那么交通拥堵就可能是家常便饭了。

3

自然界的玻璃

我们每天所见所用的玻璃制品都是由人工或是机器生产出来的，它们的大小、形状和颜色都经过精心设计。即使人类从未发明制作玻璃的方法，我们还是能够了解关于玻璃的信息，因为玻璃也是大自然的产物。实际上，数亿年以来，大自然在地球上孜孜不倦地制造着玻璃。自然界中的任何事件，只要产生的热量足以熔化岩石或者沙子，它就拥有了制造玻璃的能力。火山、闪电以及陨石撞击地球表面都有可能形成玻璃。陨石是来自外太空的大块岩石，它们经历颠簸的旅行穿越大气层，最终降落到地面。

哇，这是啥?

是火山玻璃。

火山玻璃。当熔岩（也就是炽热的液态岩石）从火山喷发出来，缓慢地冷却后，就形成了岩石。但是，如果它迅速冷却，来不及结晶，就会形成火山玻璃。人们最熟知的火山玻璃叫黑曜石，它坚硬但易碎，通常是黑色的。

闪电熔岩。当闪电击中地面，被击中的地方会立刻升温到约 2500℃。高温足以将地面的沙子熔化并使其转化成玻璃。当一道闪电束击到地面时，可能会形成长达 5 米的管状玻璃。闪电制造的这些宛如鹿角的玻璃叫作闪电熔岩。

原来如此！

天然玻璃几乎不可能像玻璃窗那么通透，因为它通常含有微小的矿物质，这些矿物质赋予天然玻璃颜色；而且天然玻璃的表面通常粗糙而不均匀，有很多细小的裂纹，并附有未完全熔化的岩石或者沙子。

神秘的物质。数千年以前，人们发现了天然玻璃。对他们来说，这些玻璃一定充满了魔力，因为它在自然界里显得如此与众不同。

冻结的火花。当一颗硕大的陨石撞击地球时，它会使落地点的岩石熔化。液态岩石飞溅到空中，飞溅的液体急速冷却，形成一团团玻璃，它们叫作玻璃陨石。

在人类制作玻璃之前发生的那些事儿

我希望光线能更充足一些……

如果你穿越到了 500 多年前的欧洲，生活会是什么样？当时的玻璃制品可是奢侈品，除非你非常富有，否则很难拥有一件玻璃制品！你的家中没有玻璃窗，也没有玻璃杯。你只能用陶杯喝水，运气好的话，你也可能使用金杯、银杯或一些廉价的金属杯——白镴制成的高脚杯。你可能甚至无法一睹自己的芳容，因为没有玻璃镜子。没有这些玻璃制品，你也得继续生活下去，或者使用其他材料来代替玻璃。

如果你生活在几百年前，没有玻璃镜子，那么你可能只能从一摊水中看到自己的倒影了。看到自己的模样可能会是个大大的惊喜哦！

那是谁?

你也能行!

生活在中世纪的欧洲,在冬天,你会很想把全身裹起来。因为那时候玻璃窗户还未诞生,屋外寒风瑟瑟,室内也是相当寒冷呢!

动物的角和兽皮。一直到400多年前,普通人家的窗户还是要么无遮无挡,向外敞开,要么仅仅用兽皮或者几片动物角覆盖。动物的角非常薄,可以透光,而且还很便宜。玻璃在当时是昂贵的建筑材料,在某些国家要被征收高昂的税。

17世纪用云母制作的灯笼

云母。云母是一种自然形成的岩石,它可以被分割成极薄的薄片,用在窗户和灯具上。和动物角一样,云母也是一种廉价的玻璃替代品。

在玻璃瓶普及之前,瓶子和其他容器基本是用陶土、金属甚至皮革制成的。当时,陶瓶非常普遍,如果碎了,就会被随意丢弃。考古学家经常能从泥土中发现它们的身影。

一种新型材料

人类使用玻璃已经有数千年的历史了。起初，人们在自然界中找到天然玻璃，用它制作刀具。古老的墨西哥阿兹特克人用天然玻璃制作切割工具、武器以及玻璃首饰。大约 5500 年前，美索不达米亚和埃及的人们发明了制作玻璃的方法。他们在陶器表面涂上一层玻璃釉料，后来又开始制作玻璃珠这样的小物件。随着手艺的精进，他们开始制作大一些的玻璃制品。如果他们没有发明制作玻璃的方法，我们现在不可或缺的玻璃制品可能就不会出现了。

古代阿兹特克人使用的**马科胡特剑**是一种令人闻风丧胆的武器。剑的主体是一根长约 1.2 米、宽约 8 厘米的木棒，剑身两侧镶嵌着锋利无比的黑曜石片。马科胡特剑重达 3 千克比现代钢制的剃须刀片还要锋利，杀伤力极强。阿兹特克的战士一直使用马科胡特剑，直到 16 世纪，随着阿兹特克帝国的崩溃，马克胡特剑才湮没在历史的尘埃中。

玻璃形成的秘密也许是人类无意中发现的。有可能是一些沙子偶然掉在金属加工炉中变成了玻璃；也可能是沙子粘在了潮湿的陶土上，在陶瓷窑炉里形成了玻璃釉。这些现象一定发生了很多次，直到某一天被人们注意到了。在无数次上演之后，终于有人想到人为地在窑炉中将沙子熔化来制作玻璃的方法。

原来如此！

古代的玻璃珠子中间通常有一个孔，因为人们要将它们串起来作为项链或者手镯。串珠子的线早已腐烂，但玻璃珠子却仍然留存至今。

古代埃及人制作了一种被称作彩釉陶器的玻璃物品。他们在沙子中加入其他原料，然后研磨成又脆又硬像陶土一样的材料。这种材料被铸成首饰或者小人的形状，再被放进窑炉加热。这种混合物会部分熔化然后变硬，形成玻璃质地的表面。

古罗马人是玻璃制作专家！大约 2000 年前，他们就制作了各种类型的玻璃杯、碗和瓶子，并且怀揣着这些玻璃器皿走遍了广袤的罗马帝国。

考古学家在古建筑遗址或者古墓中常常能挖掘出玻璃珠子，它们能够帮助考古学家确定发掘地所处的历史时期。玻璃珠在古代是一种饰品，也可以用于交换其他的物品和服务。如果在不同的地域发掘出相同类型的珠子，就能证明那些地方的人们有过通商活动。

制作玻璃啦

人们将沙子加热至熔化制成玻璃，大自然中的玻璃也是通过这种方式形成的，人们通常还会加入其他物质来促进沙子的熔化并且为玻璃染色。加入少量铁或铬能够产生绿色玻璃，加入钴和铜则会让玻璃变成蓝色，而金子则会使玻璃变成红色。在人们发现铀元素的危险性之前，放射性的铀经常被用来将玻璃染成黄色。

玻璃制造完成之后，就要将它们塑造成型。玻璃瓶、玻璃碗或其他玻璃物品，可以由手艺师傅一个一个地制作，也可以用机器进行快速批量制造。

玻璃吹制工用一根管子将空气吹进粘在管子末端的一团熔化的玻璃中，从而制作出中空的玻璃品。在温度刚超过 1000℃的时候，玻璃看起来就像柔软的太妃糖，你可以把它吹得像气球一样。

熔炉

沙子　　助熔剂　　稳定剂

你也能行！

你可以通过回收玻璃来节约材料和能源。旧的碎玻璃，也就是玻璃碴，可以被添到新材料中来制作新玻璃。

RECYCLE

玻璃"菜谱"。 制作玻璃要用到三种基本材料：原材料、助熔剂和稳定剂。最普遍的玻璃类型是钠钙玻璃。主要的原材料是硅土（沙子）。助熔剂通常是从苏打中提取的氧化钠，能够降低沙子的熔点。稳定剂通常是从石灰中提取的氧化钙，用于防止玻璃冷却硬化之后分解或者碎裂。

制造玻璃瓶的机器 使用的是一种吹塑的制造工艺。它将一管滚烫的玻璃液（被称作玻璃胚）向下压入金属模具中，再将空气吹进去使玻璃膨胀并挤压模具的壁，如此一来，玻璃就有了模具的形状。最后，将模具打开，一个灼热光亮的玻璃瓶就诞生了！

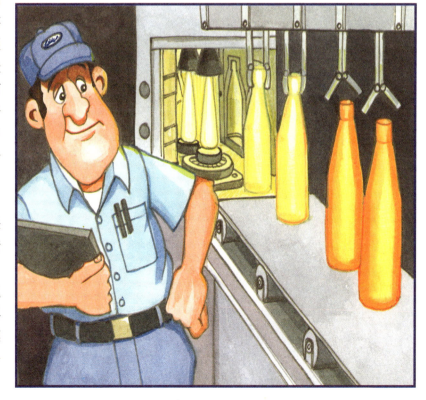

大显神通的玻璃

玻璃最有用的特性是透明——能够让光线穿透。透过透明的瓶瓶罐罐，你可以很清楚地看到容器里装的各种固体或液体，以及容器的容量。透明的特性能够让光线从灯泡里面照射出来，玻璃灯泡还能将空气隔绝在外面。如果没有玻璃灯泡，电光几秒钟后就会熄灭。如果没有玻璃，我们可能就得像古代那样使用蜡烛和煤油灯来照明了。如果没有玻璃屏幕，电视机、电脑、手机、腕表和其他电子设备都会变得一无是处。

牛眼窗户。 14 世纪，法国的玻璃匠人发明了一种制作窗玻璃的方法。他们通过旋转熔化的玻璃来制作一个平整的圆盘。这种玻璃的中间比边缘厚一些，被称作牛眼玻璃或者冕玻璃。

哪一罐是糖呢？

没有玻璃，你就得时常打开储物罐来确认里面装着什么。

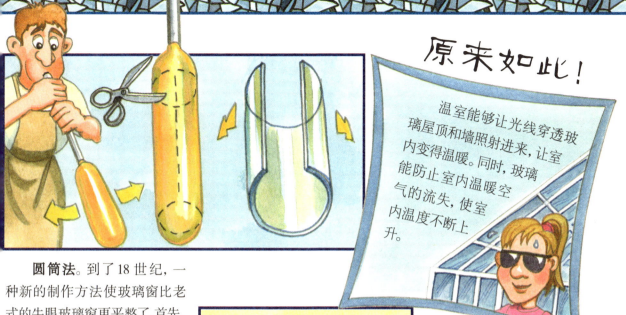

温室能够让光线穿透玻璃屋顶和墙照射进来,让室内变得温暖。同时,玻璃能防止室内温暖空气的流失,使室内温度不断上升。

圆筒法。到了 18 世纪,一种新的制作方法使玻璃窗比老式的牛眼玻璃窗更平整了。首先,将玻璃液吹成长管状,像一个长长的派对气球。趁着玻璃还柔软的时候将末端剪掉,形成一根圆柱状的玻璃管。将玻璃的两头切开,然后展开就变成一块平板玻璃啦!

浮法平板玻璃。新的制作方法使现代的窗玻璃变得非常平整。将热玻璃放在熔化的锡上,随着玻璃冷却,一块完美平整的玻璃就呈现在眼前了,这种玻璃叫作浮法玻璃。

实验室玻璃。科学实验室中使用的试管和烧杯都是由玻璃制成的,以便科学家们透过玻璃器皿观察化学反应过程中的种种现象。而且玻璃不会和化学物质发生反应,使那些化学物质朝着科学家们不愿看到的情形变化。

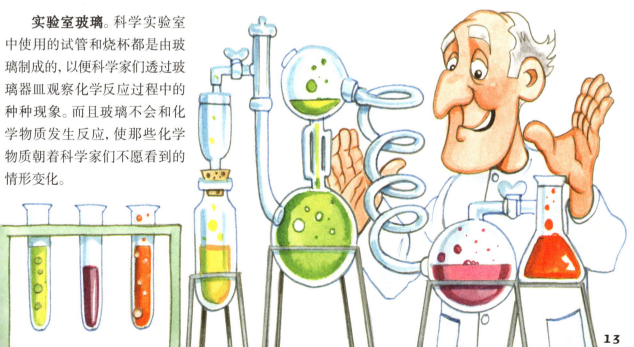

让玻璃更安全

想象一下，如果火车或汽车的窗户上没有安装玻璃，你会是什么感受？你愿意在寒冷的天气或者雨天乘坐这样的车吗？有了玻璃车窗，汽车、火车就能抵御恶劣的天气啦。过去，车辆的窗户是用普通玻璃做的，事实证明，这种玻璃很危险。如果玻璃碎了，锋利的玻璃碎片就会四处飞溅，所以更安全的玻璃应运而生。安全玻璃有时会破裂，但不会伤到人。有了安全玻璃，我们的旅行就不再那么危险了。

如果**车窗没有玻璃**，那么旅行可不会有太多乐趣。庆幸的是，玻璃比汽车先一步诞生。现在的汽车窗户是由两种不同类型的安全玻璃制成的——夹层玻璃和钢化玻璃。钢化玻璃通过加热或者让玻璃与化学物质发生反应的方法对玻璃进行强化而制成。

碎屑！钢化玻璃破碎后，会形成成千上万的碎小颗粒。相比于普通玻璃的锋利碎片，这样的玻璃屑不易对人体造成严重的伤害。钢化玻璃可以用作汽车的侧窗玻璃和后挡风玻璃。

重要提示！

报纸可以把玻璃擦得又光又亮。有些人认为是因为报纸上的油墨有打磨玻璃的功效，也有人觉得是因为报纸的吸水性能好。你认为是什么原因呢？

玻璃三明治。 夹层玻璃在两片玻璃之间夹了一层塑料膜，就像三明治一样。这种玻璃即使碎裂，碎片也会被粘在薄膜上，确保了人身安全。你可以在摩天大楼的窗户玻璃、汽车的挡风玻璃上找到它们的身影。

防弹玻璃。 由数层厚玻璃和塑料经过特殊加工做成的玻璃（约9厘米厚）能阻隔子弹。这种防弹玻璃可以用于银行的柜台、装甲车和其他军事车辆。

粘在一起。 汽车的前挡风玻璃被石头击中后可能会破碎，但夹层中的塑料膜能将碎裂的部分粘在一起，防止玻璃碴四散飞溅，造成人员伤害。

反射镜

人造玻璃光滑平整的表面能很好地反射光线。在玻璃的表面镀一层光亮的金属薄膜，镜像会更明亮清晰，镜子就是这样诞生的！但镜子的用途可远远不止让你端详自己那么简单。如果没有镜子，我们就不可能像现在那么了解宇宙了。

天文望远镜是用曲面镜来聚焦从遥远的星系发出的光线的。哈勃太空望远镜能拍摄令人叹为观止的照片要归功于望远镜内部的镜子。甚至月球上也有镜子，那是宇航员们放置的。科学家们用这些镜子来精确计算地球和月球之间的距离。汽车上配置的玻璃后视镜可以让驾驶更安全。

哈勃太空望远镜将来自遥远宇宙的光线汇聚起来，这些光线落在一面很大的主镜上，然后反射到一面小副镜上，最后射进照相机和其他仪器里。

汽车的**后视镜**让驾驶员在驾驶过程中能随时了解车后方的情况。如果没有玻璃镜，驾驶员就得转过身去看车后方，视线会离开道路，事故风险会增加。

只有表面平整的镜子**反射的镜像**才是准确而栩栩如生的。如果镜面凹凸不平，照出来的人像看起来会十分奇怪。游乐场常见的哈哈镜就利用了镜子的这个特点，照出的像有的部位被放大，有的被缩小，成了歪歪扭扭的"丑八怪"了。

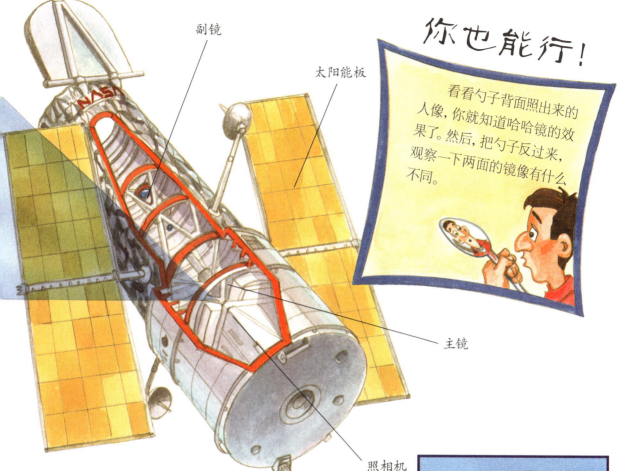

副镜

太阳能板

你也能行！

看看勺子背面照出来的人像，你就知道哈哈镜的效果了。然后，把勺子反过来，观察一下两面的镜像有什么不同。

主镜

照相机

安装在公路上的**玻璃反光道钉**在夜晚能够反射车前灯发出的光，以此来提醒司机按车道行驶。这种灯又叫猫眼灯。它的发明者有一天晚上看到在车前灯的照射下，对面一只猫的眼睛闪闪发亮，他灵光一闪，开始研究道路反光装置，并将这种装置取名为"猫眼"。

凹面镜能将光线聚集，产生高温。2013 年，伦敦一座新建大楼的大片凹面玻璃幕墙因为反射出强光而将一辆停在对面的汽车的车身烧熔了！那座大楼现在披上了遮阳罩。

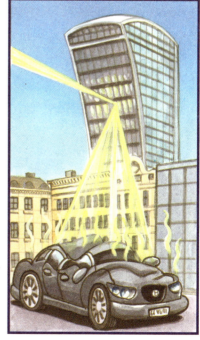

弯曲光线

光在穿过玻璃的时候，速度会稍微减慢。同时，光线传播的方向也会改变。这种特殊的现象叫折射，它对我们来说大有用途。将玻璃打磨成特殊的形状以形成透镜，可以使光线聚焦或者发散，用这种方法使光线弯曲能够让物体看起来变大或变小，拉近或推远了。得益于玻璃的这种简单特性，对世界上的东西——渺小至显微镜下的细菌，浩大如星系中的繁星——我们都更加了解了。

天文学家用望远镜做的**第一件事**就是观察月球。月球上高耸的山峰与深邃的山谷、大小各异的火山口和广袤的平原都以绝妙的近距离视角呈现在眼前，他们惊叹不已。直到今天，天文学家仍然用望远镜来研究月球。

玻璃镜片普及之前，佩戴眼镜的人寥寥无几。一些撰写稿件、阅读书籍的修道士是拥有眼镜的极少数人。当时的人们用动物骨头、金属或动物皮革制成镜框，将玻璃镜片嵌在其中并架在鼻梁上。而大多数人没有眼镜，无论他们的视力有多差，都必须在没有眼镜的情况下过日子。

你也能行！

在装水的透明玻璃杯里放一根吸管，你就能观察到玻璃如何将光线弯曲了！光线穿过玻璃杯的时候，发生了折射，就是光的方向改变了，所以吸管看起来像从水面处折断了一样。

艾萨克·牛顿爵士证明了日光由各种颜色组成。他使日光穿过一块三棱镜，结果它被分解成七种颜色的光。

显微镜用镜片来放大那些通常情况下肉眼看不到的微小物体。世界上第一台显微镜发明于16世纪90年代，它揭开了微生物的隐秘世界！科学家们用显微镜发现了许多种致病微生物。

玻璃建筑

你可能会觉得玻璃材料非常脆弱易碎。的确，窗户和玻璃花瓶很容易破碎，但是另一种形式的玻璃则硬度很高，可以作为建筑材料，应用广泛。比如坚硬的玻璃砖可以用作建筑物的墙，大型水族馆的观赏幕墙通常是用非常坚固的玻璃制作的。对于建造业来说，玻璃还有其他派得上用处的特性。如果把玻璃制成玻璃棉，它就能将空气禁锢在内部，起到隔音隔热的效果。双层玻璃窗的内部也有一层空气夹层，夹层内部的空气不流动，导热性能差，可以减少散热。如果没有玻璃棉和双层玻璃，大厦可能会面临冬冷夏热的窘境。

嗯哼，我看见了美味的晚餐……

世界上最大的水族馆中的**玻璃墙**厚度达 75 厘米，这样才能承受得住水的巨大压力。

大型玻璃砖就像普通砖块一样，可用于建造建筑物内部的墙体和隔断，也可以用于修建室外的花园。玻璃砖墙既能为人们打造一个隐秘的私人空间，又能保持室内光线通透。

最近，科学家们发明了**光导管**，用来将阳光引到室内。光导管的内部涂有一层反射率很高的材料，这样，本来沿直线传播的光线通过光导管就能拐弯儿啦。

保暖。用玻璃棉做成的隔热屋顶能够使室内保持温暖。在房顶上铺一层厚厚的玻璃棉垫子，就好像给建筑物戴了一顶温暖的帽子，可以防止建筑内部的热量散发。建筑物里的墙也常常用到玻璃棉。

玻璃纤维。将玻璃纤维嵌入塑料可以制成一种轻便而坚固的材料——玻璃增强塑料（GRP）或玻璃钢，这种材料用于制作船体和车身。将玻璃纤维喷进模具，然后浸泡在液态塑料中，待其冷却便得到玻璃增强塑料。

你也能行！

在装水的透明玻璃杯后方至少 30 厘米处放置一张图片，然后透过玻璃杯观察图片。光线透过玻璃杯和水后会发生明显的弯曲，你会发现看到的图片是左右颠倒的！

玻璃艺术

玻璃不仅可以用于制造像窗户和电视机屏幕这样的日用品，还可以成为精美的艺术品。有些艺术家专门从事玻璃花瓶、玻璃灯罩、玻璃首饰的制作。世界上最宏伟、最具视觉冲击效果的艺术品中就不乏玻璃制品，比如一些举世闻名的大教堂窗户上镶嵌的彩色玻璃。如果没有玻璃，我们就不可能欣赏到这么美妙的艺术了。

在过去的几个世纪里，教堂里的**彩色玻璃窗**向当时不识字的人们展示与宗教有关的故事。

艾米力·葛莱（1846—1904）是一位法国艺术家，他在彩色玻璃花瓶上雕绘植物、昆虫和其他来自大自然的图案。

原来如此!

把成片的有色玻璃安装在铅框中,然后把那几块铅焊接在一起(把金属熔化而使它们连接起来),就制成了彩色玻璃窗户。

路易斯·康福特·蒂芙尼(1848—1933)是一位美国艺术家和设计师,他以制作彩色玻璃物品而名冠天下。他制作的彩色玻璃物品有窗户、首饰和灯具等。

雷内·拉利克(1860—1945)是一位法国设计师,以制作漂亮的玻璃花瓶、首饰和装饰品而闻名于世,他还为大厦和远洋客轮制作装饰性的玻璃屏幕和柱子。

未来的玻璃

设计师们正在构想玻璃的全新用途。假如你住的房子有感光窗户，它会在明亮的阳光下和漆黑的夜晚自动变黑，这样就不需要窗帘了。对驾驶员来说，刺眼的阳光可是个麻烦，车窗玻璃如果能自动变黑就能解决这个问题了。想象一下，如果摩天大楼的玻璃墙也是一个巨型屏幕，那会有多棒啊！我们越是不断探索发现玻璃的绝妙用途，越会意识到我们是多么不想生活在没有玻璃的世界里。

人们发明了**新型玻璃**和玻璃涂料，用于制造手机、平板电脑和其他电子设备的屏幕，便于人们在强光下更好地使用电子设备。

明镜。科学家们正在研发一种特殊的镜子。只要你往镜子前一站，它就能获取你的健康数据。

原来如此！

"玻璃化"是将放射性废料变成一块块玻璃，防止它们泄露到外界环境中。这样的工艺能保持我们星球未来环境的洁净。

未来，玻璃可能会重新成为储物材料界的宠儿。它不掉色，没有污染，也不会和所盛的物品发生化学反应，并且完全可以被回收利用。

智能书桌。设计师们正在利用玻璃和高科技创新工作和学习的方式！未来，你的书桌桌面可能是一面玻璃做的电脑触屏，这太激动人心了！

术语表

Archeologist **考古学家** 研究人类历史的科学家，主要通过挖掘和检验古代人类遗骸和遗物，以及他们的活动场所来研究人类历史。

Astronomer **天文学家** 研究恒星、行星、卫星、宇宙中其他星体，以及星系的科学家。

Atmosphere **大气层** 包围着地球和其他星球的气体。

Crystal **晶体** 由粒子（原子或分子）按一定规律重复排列而构成的固体物质。

Double glazing **双层玻璃工艺** 将两块玻璃黏合起来，中间留有一定空间的玻璃制作工艺。

Flux **助熔剂** 可以降低沙子熔点的一种物质，它使玻璃制作的过程变得更简单。

Galaxy **星系** 由无数的恒星、巨型星云（由气体和尘埃构成）组成的在空间共同运行的系统。我们所处的星系叫银河系。

Germ **细菌** 微生物，尤其指会引起疾病的微生物。

Hide **兽皮** 动物的皮。

Hubble Space Telescope **哈勃太空望远镜** 这是一台放置在太空的仪器。1990 年开始，天文学家就用它来研究那些离我们非常遥远的宇宙空间。

Insulation **隔离物** 一种能够阻止或减缓热量流失、声音传播或电能流失的物质。

Laminated glass **夹层玻璃** 一种安全玻璃，这种玻璃即使碎裂，碎片也会粘在一起。

Lava **熔岩** 从火山口喷出的高温岩浆以及当它冷却固化后形成的岩石。

Lens **透镜** 由玻璃或其他透明物质构成的透明体，它能够通过使光线弯曲来成像。

Meteorite **陨石** 太空中的岩石或者天然金属物质撞击地球表面后未燃尽的剩余物。

Middle Ages　中世纪　特指 5—15 世纪这段历史时期。

Molten　熔化　通过高温加热将物体变为液态的过程。

Organism　有机体　有生命的植物或动物。

Primary mirror　主镜　光学仪器（比如望远镜）中最主要或最大的反射面。

Prism　棱镜　由玻璃或其他透明材料做成，主截面通常是三角形的。白色光通过三棱镜会被分解为红、橙、黄、绿、蓝、靛、紫七种色光。

Radioactive　放射性的　物质通过放射性衰变释放粒子或发出射线的特性。

Roman Empire　罗马帝国　被古罗马征服并统治的众多民族和部落的总称，这些民族和部落主要分布在地中海周围。

Secondary mirror　副镜　光学仪器（比如望远镜）中第二大的反射面，对来自主镜的光线进行反射。

Stabiliser　稳定剂　防止玻璃在冷却固化后分解或破裂的物质。

Tektite　黑曜石　当陨石撞击地球表面时，由飞溅出的熔岩而形成的小片黑色玻璃。飞溅出的熔岩冷却之后就形成了黑曜石。

Toughened glass　钢化玻璃　一种安全玻璃，当这种玻璃受到外力破坏时，会形成带钝边的碎小颗粒而不是锋利的碎片。它也叫强化玻璃。

Vitrification　玻璃化　将一种物质转变为玻璃的过程，在这个过程中需要将该物质与形成玻璃的原材料共同加热到很高的温度。

世界顶级玻璃制作大师

乔治·瑞文斯克罗夫特（1632—1683）

英国人乔治·瑞文斯克罗夫特在威尼斯学习了玻璃制作工艺。1666年，他回到英格兰后，开始了自己的玻璃制作生意。那个时候，英国出产的玻璃使用一两年后表面就会变模糊或者碎裂。为了解决这个问题，瑞文斯克罗夫特用不同的材料做实验。他发现制作玻璃时加入氧化铅能够改善玻璃的品质。这种新型的玻璃被称为铅玻璃，表面闪亮且坚硬耐用。

阿拉斯泰尔·皮尔金顿爵士（1920—1995）

皮尔金顿完成了剑桥机械工程专业的学习后，去皮尔金顿玻璃公司工作（他和成立这家公司的皮尔金顿家族没有任何关系）。工作期间，他想出了制作平板玻璃的点子——让玻璃浮在锡液的表面。1959年，他完善了该方法，生产出的玻璃品质更高了，玻璃不需要经过打磨和抛光就非常平整。

约瑟夫·帕克斯顿（1803—1865）

帕克斯顿是一位英国园艺师，最初为德文郡公爵工作。他在公爵富丽堂皇的查特斯沃思庄园里用钢铁和玻璃建造了一个温室花房。当时的万国工业博览会（即后来的世界博览会）正在征集展览大厅的设计方案，当帕克斯顿听说所有的方案都被否决后，他寄出了自己的方案。该方案的灵感来自他设计的玻璃花房，由于其设计成本低，建造工期短，建造过程省力而被主办方认可。这座著名的建筑就叫"水晶宫"。帕克斯顿因此被授予爵士爵位，也为玻璃作为一种建筑材料拉开了序幕。

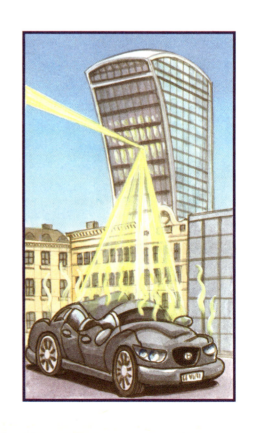

鲁珀特之泪

将一滴熔化的玻璃滴入冰水中,它会迅速冷却,固化成一个带有细长尾巴的玻璃珠,看起来就像一条小蝌蚪。这样的玻璃被称为鲁珀特之泪,它有奇妙的物理特性。鲁珀特之泪的前端很坚固,甚至用锤子击打,它都安然无恙。然而,若是抓住它纤细的尾巴,稍微用力,整颗玻璃泪就会瞬间爆裂四溅,彻底粉碎! 鲁珀特之泪碎裂的原理是:外层的玻璃比内层的玻璃冷却速度快,外部遭到破坏时,内部的巨大压力瞬间释放出来,这让玻璃破碎的瞬间非常壮观。

你知道吗？

制作玻璃时要将原材料加热到近1700℃使它们熔化，然后把它们融合在一起形成玻璃。

一个大型玻璃熔窑一天能产出440多吨玻璃，这些玻璃能够做出约100万个玻璃瓶呢!

普通的透明玻璃因为含有矿物质而略显绿色，但只有在玻璃足够厚的情况下，肉眼才能注意到。

玻璃破碎后，其碎片的运动速度约5000千米/小时，相当于声速的4倍多!

感谢新的制造工艺，如今的玻璃容器可要比30年前的轻了40%呢!

回收一个玻璃瓶所节约的能源能够使一台电脑运行25分钟，一台电视机播放20分钟或者一台洗衣机工作10分钟。节约能源意味着窑炉和发电厂消耗更少的燃料，这就使排放到大气中的二氧化碳的含量减少了。

回收玻璃之所以能够节约能源，关键在于回收玻璃的熔化温度低于制作新玻璃的熔化温度。

回收的玻璃能够在30天内改头换面，再次被派上用场。

致　　谢

　　"身边的科学真好玩"系列丛书在制作阶段，众多小朋友和家长集思广益，奉献了受广大读者欢迎的书名。在此，特别感谢妞宝、高启智、刘炅、小惜、王佳腾、萌萌、瀚瀚、阳阳、陈好、王梓博、刘睿宸、李若瑶、丁秋霖、文文、佐佐、任千羽、任则宇、壮壮、毛毛、豆豆、王基烨、张亦尧、王逍童、李易恒等小朋友。

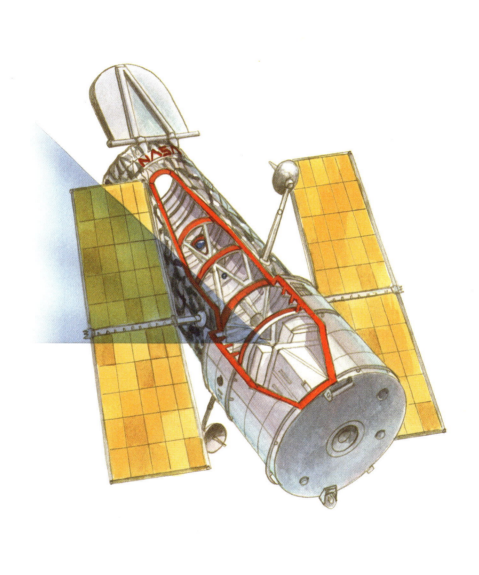